Bibliografische Information der Deutschen Nationalbibliothek:

Die Deutsche Bibliothek verzeichnet diese Publikation in der Deutschen Nationalbibliografie; detaillierte bibliografische Daten sind im Internet über http://dnb.d-nb.de/ abrufbar.

Impressum:

Druck und Bindung: Books on Demand GmbH, Norderstedt Germany
ISBN: 978-3-668-01463-3

Dieses Buch bei GRIN:

http://www.grin.com/de/e-book/303056/das-brot-im-wandel-der-geschichte

Mara Klahr

Das Brot im Wandel der Geschichte

Seine kulturelle, religiöse und ernährungsphysiologische Bedeutung

GRIN Verlag

Fachbereich Oecotrophologie

Ernährung Gesundheit und
Lebensmittelwirtschaft

Geschichte des Brots

Warum ist Brot noch immer so beliebt und eignet es sich als Mittel gegen den Welthunger?

Prüfungsleistung im Modul Culture, Nutrition, Sustainibility
Abgabedatum: 31.07.2013
Abgabedatum überarbeitete Version: 14.01.2014

Mara Sophia Klahr

Oecotrophologie

Sommersemester 2013

Inhaltsverzeichnis

Abbildungsverzeichnis

1 Einführung

Laut den Leitsätzen für Brot und Kleingebäck vom 19.10.1993 ist Brot „ganz oder teilweise aus Getreide und/oder Getreideerzeugnissen, meist nach Zugabe von Flüssigkeit, sowie von anderen Lebensmitteln (z.B. Leguminosen-, Kartoffelerzeugnisse) in der Regel durch Kneten, Formen, Lockern, Backen oder Heißextrudieren des Brotteiges hergestellt. Brot enthält weniger als 10 Gewichtsteile Fett und/oder Zuckerarten auf 90 Gewichtsteile Getreide und/oder Getreideerzeugnisse.“ (Bundesministerium für Ernährung, Landwirtschaft und Verbraucherschutz. 2005.)
Die Geschichte des Brots reicht aber weiter zurück als bis 1993. Inzwischen gibt es viele verschiedene Sorten und Brot wird aus den unterschiedlichsten kulturellen und religiösen Gründen konsumiert.
Im Folgenden soll ergründet werden, warum das Brot noch immer eine wichtige Grundlage in der menschlichen Ernährung darstellt, inwiefern es sich gewandelt hat und ob es genügend Brot für alle Menschen auf der Welt geben kann.

2 Theoretischer Teil

2.1 Geschichte

Die Herkunft des Brots lässt sich nicht auf eine einzelne Person als Erfinder zurückvollziehen. Vielmehr muss man davon ausgehen, dass an mehreren Orten der Welt gleichzeitig ein aus Getreidebrei gebackener Fladen als Vorstufe des Brots hergestellt wurde. (Seibel, Spicher. 1995, S.50)
Das erste gelockerte und gesäuerte Brot, welches schon dem uns bekannten Brot ähnelte, konnte vor 4500 Jahren in Ägypten nachgewiesen werden. Dort wurde die Brotbacktechnologie schon so weit ausgearbeitet, dass genügend Brot für die 3000 Pyramidenarbeiter produziert werden konnte.
(Seibel, Spicher. 1995, S.50)
Das Brotbacken gelangte von Ägypten über Griechenland zu den Römern. Diese entwickelten die Mahl- und Backtechnik weiter. Wichtigste Schritte in der Entwicklung des Brotbackens waren die Erfindung des Backofens und die Entdeckung der Wirkung von Hefen, da nur so ein gelockertes Brot entstehen kann. (Seibel, Spicher. 1995, S.51)

Inzwischen ist das Brot als einziges von Menschenhand hergestelltes Lebensmittel auf der ganzen Welt in den unterschiedlichsten Formen vertreten. Getreideprodukte stellen die wichtigste Nahrungsquelle für den Menschen dar. „Sie decken über die Hälfte des Energie- und Eiweißbedarfs der gesamten Weltbevölkerung“ (Steller. 1995, S.245)

Der Weizen ist das dominierende Brotgetreide. Er verdrängte auch den Mais aus Südamerika und konkurriert mit dem Reis in Asien. Weizenbrote haben einen gewissen Prestigewert, da sich vor einiger Zeit noch nicht jeder den importierten Weizen leisten konnte. Außerdem gelten die Weizenbackwaren

als einfaches Essen, da sie relativ lange haltbar sind und leicht mit anderen Lebensmitteln kombiniert werden können. (Steller. 1995, S.245)
Mit dem steigenden Brotverbrauch sank allerdings der Gebrauch von Hirse, Hafer und Gerste, da nur Roggen und Weizen für die Brotherstellung genutzt werden können. (Steller. 1995, S. 249)

Deutschland mit 58,8 kg einen der höchsten jährlichen Brotverbrauche pro Kopf der EU. Andere Länder weißen einen wesentlich geringeren Pro-Kopf-Verbrauch auf. (Statista gmbh. 2011) Der Brotverbrauch in Deutschland ist in den letzten Jahren gestiegen, und auch die Kleingebäckwaren wachsen in ihrem Verbrauch. (f2m food multimedia gmbh. 2008) Jüngere Alleinlebende haben meist einen 20 % höheren Verbrauch. (Steller. 1995, S.249)
Dabei essen die Deutschen mit 31,8 % am meisten Mischbrot, gefolgt von Toastbrot mit 21,6 %. Den geringsten Anteil macht das Roggenbrot mit 5 % aus. *(siehe Abbildung 1)*
Sichergestellt wird dieser Konsum durch die 13.666 Meisterbetriebe in Deutschland.
(Zentralverband des Deutschen Bäckerhandwerks e. V.. 2013)

Brotkorb der Deutschen 2012

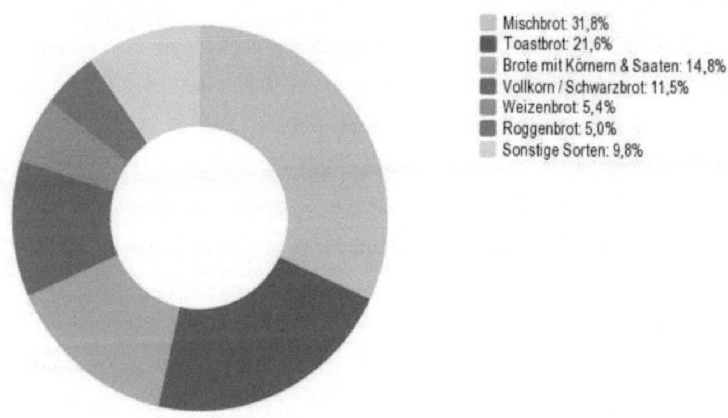

Quelle: Zentralverband des Deutschen Bäckerhandwerks e.V. nach Angaben des GfK ConsumerScans, Berlin 2013

Abbildung 1: Brotkorb der Deutschen 2012 (Zentralverband des Deutschen Bäckerhandwerks e. V.. 2013)

2.2 Kulturelle Bedeutung

Brot spielt heute überall eine große Rolle und ist ein wichtiger Bestandteil aller Esskulturen geworden. Deutschland tut sich aus allen Nationen besonders durch seine große Sortenvielfalt hervor. Die Bedeutung des Brots an sich in den unterschiedlichen Gebieten und die unterschiedlichen Brotsorten in Deutschland sollen im nächsten Kapitel beleuchtet werden.

2.2.1 Brot in den unterschiedlichen Gebieten

Die Vorlieben für die Brot- und Getreidearten hängen meistens mit der Geschichte der Länder und mit den Völkerwanderungen zusammen. Vor den nun schnellen Transportwegen und Importmöglichkeiten waren die Menschen allerdings auf das vor Ort anbaubare Getreide beschränkt und lernten daraus ihre Lebensmittel herzustellen. Im Folgenden soll geklärt werden, ob noch heute Vorlieben für die einheimischen Getreidesorten bestehen, oder ob die Importmöglichkeiten die Verzehrgewohnheiten in den unterschiedlichen Ländern geändert haben.

Zunächst war das Brot eher in Europa vertreten. Durch die Emigranten wurde das Weißbrot in die Welt getragen. So ist auch heute noch in Nordamerika das Weißbrot das am stärksten vertretene Brot. Es wird hier häufig getoastet und ist in fast allen Mahlzeiten am Tag vorzufinden.
(Steller. 1995, S. 245)

In Südamerika wurde das Weißbrot als ein Zeichen des Standes übernommen. Statt weiterhin Hirse und Mais zu Brei und Fladen zu verarbeiten, übernahmen die Bewohner die Gewohnheiten der Nordamerikaner und Europäer und wollten mit dem Verzehr von Weißbrot einen höheren Lebensstandard zeigen. Das aus dem importierten Weizen hergestellte Brot hat den Maisfladen fast vollständig verdrängt. (Steller. 1995, S. 245)

Auch in Asien verdrängt der Weizen den einheimischen Reis. Der Konsum von Weizenbroten ist in Asien seit 1950 erheblich gestiegen. Grund dafür ist, dass Brot ohne Probleme länger haltbar ist und auch kalt verzehrt werden kann und somit eine wichtige Rolle in der Verpflegung der Arbeiter der aufsteigenden Industriegesellschaft spielt. (Steller. 1995, S. 245)

In Afrika spielen Getreide und Brot eine noch wichtigere Rolle. Getreide macht hier 60 % der Energiezufuhr aus. Getreideprodukte wie Brei und Brot sind preiswert und auch in Krisenzeiten meistens noch verfügbar. Durch den Import von Weizen und Reis nimmt der Hirse- und Sorghumkonsum ab. Der Maisanbau hingegen wächst. Mais kann als Kolben verzehrt oder auch zu Brei und Backwaren verarbeitet werden. (Steller. 1995, S. 245-248)
Der Weizenkonsum steigt auch in Afrika und verdrängt die Breie. Das französische Weizenbaguette ist noch durch die französischen Kolonien bekannt. Einen weiteren Grund für den höheren Weizenkonsum lässt sich bei den Hilfen der europäischen Länder bei Lebensmittelknappheiten finden. Hier werden besonders häufig Weizenbrote importiert. Brot gilt im Vergleich zu den Breien als einfacheres Lebensmittel, da es direkt verzehrfertig gekauft werden kann. (Steller. 1995, S. 248)

Es wird also deutlich, dass das Brot inzwischen in fast allen Ländern vertreten ist. Dafür wird häufig Weizen importiert. Die Versuche, einheimisches Getreide mit in die Brotproduktion einzubinden scheitern meistens aus Geschmacksgründen.
(Steller. 1995, S. 245-248)

2.2.2 Brotsorten

Deutschland ist das Land mit den wohl meisten Brotsorten weltweit. Die deutsche Brotkultur soll in Zukunft als immaterielles Weltkulturerbe der UNESCO anerkannt werden. Derzeit sind 3139 Brotsorten in Deutschland registriert worden (Stand 26.07.13).

(Zentralverbandes des Deutschen Bäckerhandwerks e.V.. 2013.)

In Deutschland gibt es so viele Sorten, da hier jedes Gebiet, jede Stadt und jede Bäckerei eigene besondere Brote herstellt. Aufgeteilt werden die registrierten Brote in Weizenbrote (Weizenmehlanteil mindestens 90 %), Weizenmischbrote (Weizenmehlanteil 50-89 %), Roggenmischbrote (Roggenmehlanteil 50-89 %), Roggenbrote (Roggenmehlanteil mindestens 90 %) und Spezialbrote. Zu den Spezialbroten zählen zum Beispiel Eiweißbrote, Diätbrote oder Vitaminisierte Brote. Weitere Rollen in der Sortentypisierung spielen die Form des Brotes und das gewählte Backverfahren. Die unterschiedlichen Brote werden zur einheitlichen Kennzeichnung unterschiedlich eingeschnitten. So weisen die unterschiedlichen Brote verschiedene Anzahlen an Längs- oder Quereinschnitten auf.

(Seibel, Spicher. 1995, S. 84-86)

2.3 Religiöse Bedeutung

Auch in den unterschiedlichen Religionen kommt immer wieder das Brot vor. Hier tritt es oftmals als ein Symbol auf. Nun soll beleuchtet werden, wofür das Brot in den unterschiedlichen Religionen steht.

2.3.1 Brot im Christentum

Im Christentum gilt das Brot als „Leib Christi“. Bei seinem letzten Abendmahl soll Jesus das Brot als Zeichen seiner Gegenwart bestimmt haben. Durch das Essen des Brots würden der essende Mensch und Jesus dann verbunden werden. Noch heute wird beim gemeinsamen Abendmahl Brot gereicht und als diese Gegenwärtigkeit Jesus angesehen. Außerdem soll es daran erinnern, dass Jesus seinen Leib für den Menschen geopfert hat, um sie so von allen Sünden zu befreien. Bei dem Reichen des Brots wird also symbolisch erneut der Leib von Christi für uns Menschen gegeben.

(Bieger. 2007, S. 26)

Das Abendmahl wird für gewöhnlich in Gemeinschaft zu sich genommen. Das Brot verbindet also nicht nur den Menschen mit dem Himmlischen, sondern auch die Menschen untereinander. Das gemeinsame Essen soll Gemeinschaft schaffen. Jedoch ist hier wichtig, dass das reale Brot als Nahrungsmittel von dem hier gemeinten symbolischen Brot zu unterscheiden ist.

Jesus soll auch gesagt haben, „Ich bin das Brot des Lebens…Wenn jemand von diesem Brot isst, wird er ewig leben.“. Das Brot steht also auch für ein Leben von Dauer.

Auch beim Abendmahl gab es im Laufe der Zeit Veränderungen. Ursprünglich wurde das Brot zum Abendmahl in Form eines großen Fladenbrots von den Teilnehmenden mitgebracht, geteilt und verzehrt. Heute wird das Brot zum Abendmahl in Form von geweihten Oblaten gereicht.
(Benker. 1995, S. 116-119)

2.3.2 Brot im Judentum

Auch im Judentum spielt das Brot seit jeher eine wichtige Rolle. Das Brot wird im Alten Testament als nahezu wichtigster Bestandteil einer Mahlzeit betrachtet. In keiner Geschichte fehlt es und es scheint, als könne man ohne Brot nicht auskommen. Das Fehlen von Brot wird als Fluch Gottes betrachtet und auch das vollständige Tischgebet darf nur gesprochen werden, wenn Brot einen Bestandteil der Mahlzeit darstellt. (Soussan. 1995, S.102)

Das Brot als Segen Gottes muss demnach auch respektvoll behandelt werden und darf zum Beispiel nicht als Wurfmittel oder als Stütze für Möbel genutzt werden.

(Soussan. 1995, S.102)

Ein besonderes Brot der Juden stellt das Mazzabrot dar. Noch heute wird es immer zum Pessachfest verzehrt. Mazzabrot ist ungesäuertes, nur aus Mehl und Wasser hergestelltes Brot. Es musste laut Bibel bei dem Auszug der Israelis aus Ägypten zwangsläufig gegessen werden, da die Israelis vor ihrer Befreiung keine Zeit mehr für die Brotgärung hatten. Am Pessachfest, soll durch den Verzehr von Mazzabrot an die Rettung gedacht und die Solidarität mit den Armen zum Ausdruck gebracht werden. Am Schabbat wird das Brot auch heute noch selbst gebacken. Hierbei wird stets ein Teil abgesondert und für den Herrn bereitgestellt, in dem es verbrannt wird.

(Soussan. 1995, S. 109-111)

Auch das Thorastudium wird mit Brot in Verbindung gebracht. Nur durch mehrmaliges Sieben würden die Erkenntnis und das Mehl klar werden. Laut der rabbinischen Literatur gibt es eine Wechselbeziehung zwischen dem Brot und dem Verständnis der Gotteslehre. Es heißt hier „wer kein Mehl besitzt, hat keine Thorakenntnis; wer keine Thorakenntnis besitzt, kein Mehl“ (Sprüche der Väter, 3,21) (Soussan. 1995, S. 112)

2.3.3 Brot im Islam

Auch im Islam genießt das Brot eine Sonderstellung. Der Grund hierfür liegt in der langen und mühsamen Herstellung von der Anpflanzung des Getreides bis zum Backen. Deshalb soll das Brot auch direkt wenn es auf den Tisch kommt verzehrt werden, ohne noch auf andere Speisen zu warten. Im Islam darf kein Brot weggeschmissen werden. Brot wird als Sandung Allahs betrachtet und wird daher mit Würde behandelt. Ohne Brot könnte nicht gebetet oder gefastet werden.

(Kordian. 2011.)

Im Islam spielt Brot beim Fasten eine Rolle. Es heißt, wer nur Brot und Salz zu sich nimmt, ist eher gewillt, sich dem Willen Gottes zu unterwerfen und führt seine Seele zum Guten, da er diese beherrscht und die Aufsässigkeit unterdrückt.

(Krawietz, Schott, Pospišil, Steinbrich. 1993, S.225)

2.4 Wandel des Brots – Brot heute

Auch wenn das Brot wie gesagt früher und heute gleichmäßig eine wichtige Rolle in der Ernährung des Menschen spielt, gibt es doch Unterschiede und Entwicklungen, vor allem im Bezug auf die Brotvorlieben. *(siehe Abbildung 2)*

Tabelle 5 : Die Lieblingssorten bei Brot (in %)

Sortengruppe		Aktuell 2006/07	Vergleich 2000
Roggen-Vollkornbrote	26	**28**	20
Weizen-Vollkornbrote	2		
Mehrkorn-/Spezialbrote		24	21
Roggenmischbrote	17	**22**	36
Roggen(mehl)brote	5		
Weizenmischbrote		11	15
Weizen-/Weißbrote	10	**15**	7
Toastbrote	5		
andere/keine		---	2

Quellen: CMA-Trendbarometer Brot & Kleingebäck 2006/07; CMA-Marktforschung 2000

Abbildung 2: Die Lieblingssorten bei Brot (in %) (Zentgraf, Schulze. 2008.)

Es wird deutlich, dass in Deutschland der Trend in zwei Richtungen geht. Der Verzehr an Vollkornprodukten steigt im Vergleich zu den Vorjahren, der Weiß- und Toastbrotverbrauch allerdings auch. Weniger Menschen betrachten nun Mischbrote als ihre Lieblingssorten.

Einen Unterschied zwischen den Geschlechtern lässt sich bei den Brotvorlieben nicht erkennen.

(Zentgraf, Schulze. 2008.)

Die Größte Beliebtheit fällt nun auf die Roggen- und Weizenvollkornbrote. Zu erklären ist diese Entwicklung mit dem wachsenden Interesse der Bevölkerung an gesunder Ernährung. Vollkornprodukte erreichen einen immer höheren Stellenwert und gelten mit Recht als gesünder. Bei Vollkorn wird das ganze Korn verarbeitet. Also auch die Kleie und der Keimling. Diese enthalten besonders viele Ballaststoffe, Mineralstoffe und Vitamine. Der Ballaststoffgehalt in Vollkornprodukten ist etwa dreimal so hoch, wie in anderen Getreideprodukten. Ballaststoffe sind wichtig für die Verdauung und sorgen für ein länger anhaltendes Sättigungsgefühl. Außerdem besteht Vollkorn aus langkettigen Kohlenhydraten, welche langsamer aufgespalten werden. Insgesamt hält Vollkorn also länger satt und kann so beim Abnehmen helfen.

(Soutschek. 2012.)

Des Weiteren geht der Trend hin zu sogenannten Spezialbroten. Spezialbrote sind alle Brote mit verändertem Nährwert. Auch hier liegt der Grund dafür in dem wachsenden Interesse an gesunder Ernährung. Der Verbraucher entscheidet sich im Glauben seinem Körper etwas Gutes zu tun für Eiweiß- oder Diätbrote. Inzwischen gibt es Brote mit den unterschiedlichsten auf eine Käufergruppe abgestimmten Eigenschaften.

(Seibel, Spicher. 1995, S.84-85)

2.5 Ernährungsphysiologische Aspekte

Neben dem Gebrauchs- und Genusswerts von Brot ist der hohe und stetige weltweite Brotverbrauch auch aus ernährungsphysiologischer Sicht nicht verkehrt. Es werden hier allerdings keine Empfehlungen für die einzelnen Sorten angegeben.

Brot liefert Kohlenhydrate, Ballaststoffe und Mikronährstoffe in einem ausgewogenen Verhältnis, das dem Menschen hilft, sich nicht zu einseitig zu ernähren.
Kohlenhydrate bilden etwa die Hälfte des Brots. Die Kohlenhydrate im Brot sind langkettige Stärke-Kohlenhydrate, welche langsam abgebaut werden und den Blutzuckerspiegel so nicht zu stark ansteigen lassen. Der Körper wird langfristiger mit Energie versorgt, was sich positiv auf das Leistungsvermögen auswirkt.
(Becker, Fürst, Steller. 1995, S.255)

Die Ballaststoffe im Brot wirken positiv auf Stoffwechsel und Darmfunktion ein. Zu unterscheiden sind lösliche und unlösliche Ballaststoffe. Brot enthält beide Arten an Ballaststoffen in großer Menge. Vollkornbrote enthalten zwar noch mehr Ballaststoffe, als Weißbrote, allerdings enthalten auch Weizenmehlerzeugnisse noch mehr Ballaststoffe, als Obst und Gemüse.
(Becker, Fürst, Steller. 1995, S.256)
Lösliche Ballaststoffe zeigen ihre positive Wirkung besonders im Herz-Kreislauf-System. Sie schützen vor Arterienverkalkung und somit Herzinfarkt und helfen Cholesterin auszuscheiden und somit die Bildung von Gallensteinen zu verhindern. Des Weiteren verhelfen die löslichen Ballaststoffe zu einem normalen Zuckerstoffwechsel und einer glatten Blutzuckerstruktur.
Unlösliche Ballaststoffe wirken vor allem im Dickdarm, wo sie die Verdauung fördern.
(Becker, Fürst, Steller. 1995, S.255)

Die Eiweißstoffe im Brot sind pflanzlicher Natur und somit gesünder, als die tierischen Eiweiße aus Fleisch und Fisch. Weltweit betrachtet macht Brot mit 57 % sogar den größten Teil der gesamten Eiweißversorgung aus. In Deutschland nehmen wir eigentlich schon genug Eiweiße auf, es wäre aber sinnvoll, einen Teil der tierischen Eiweiße durch Eiweiße aus dem Brot zu ersetzen.
(Becker, Fürst, Steller. 1995, S. 256)

Auch Mikronährstoffe sind im Brot enthalten. Sie spielen eine Rolle im Stoffwechsel. Auch diese sind besonders in den Randschichten des Getreides vertreten und der Gehalt an Mikronährstoffen ist somit im Vollkorngetreide höher.
(Becker, Fürst, Steller. 1995, S. 256)

Die DGE empfiehlt 300 Gramm Brot pro Tag. Das entspricht etwa sechs Scheiben Brot. Diese hohe Empfehlung soll sicherstellen, dass etwa 60 % der täglichen Gesamtenergie aus Kohlenhydraten und

nicht aus Fett kommen. Brot eignet sich sehr gut für eine gesunde Ernährung, da es viel Energie aus Kohlenhydraten und einen hohen Ballaststoffgehalt besitzt.
(Keuthen, Hock. 2011.)

3 Diskussion – Weltnahrung Brot?

Schon immer gab es auf der Welt Hungersnöte und Menschen starben, weil ihnen nicht genügend Essen zur Verfügung stand.
Auch heute noch ist trotz der Industrialisierung und der Möglichkeiten zu schnellen Transporten nicht überall auf der Welt der Hunger gestillt. Während die eine Seite der Welt im Überschuss lebt, verhungern auf der anderen Seite Menschen. Gibt es also doch nicht genug Brot für alle, oder ist es nur ungerecht verteilt? Nachfolgend soll erörtert werden, woran es liegt, dass einige Menschen noch immer in Hunger leben müssen.

Hunger kann nicht auf eine Ursache allein zurückgeführt werden. Es spielen stets mehrere Faktoren aus unterschiedlichen Gebieten mit ein. Zu unterscheiden sind hierbei vor allem anthropogene Einflüsse wie Kriege und politische Systeme und naturbedinge Einflüsse wie Klima und Naturkatastrophen. Hierbei ist es möglich, dass Einflussfaktoren sich gegenseitig bedingen und so ein ganzes Netz aus Einflüssen auf den Hunger entsteht.
(Nussbaumer. 1995, S. 263)
Die Hungersituation auf der Welt hat sich zwar in den letzten Jahren trotz stetig steigender Weltbevölkerung verbessert, dennoch hungert noch immer im Schnitt jeder achte Mensch. Die meisten davon leben in Entwicklungsländern. *(siehe Abbildung 3)*

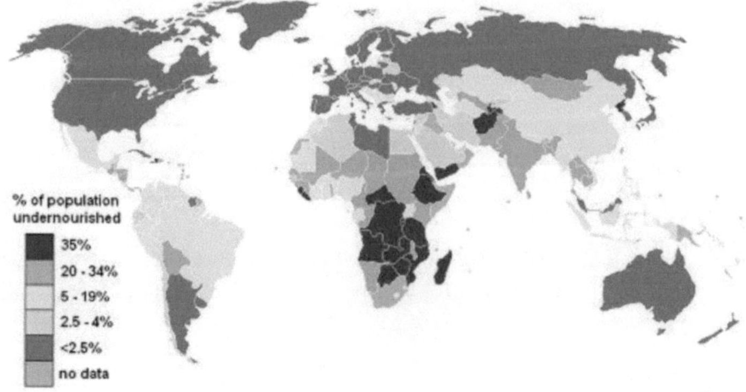

Abbildung 3: Welthungerkarte (Jeworski. 2012.)

Es gibt nur noch wenige günstige Ackerflächen für den Getreideanbau in diesen Ländern. Und statt Getreide für die Brotproduktion anzubauen, werden die Ackerflächen zunehmend für die Biokraftstoffproduktion genutzt. Dies ist bei den steigenden Energiepreisen für die Bauern rentabler.
(Welthungerhilfe. 2013)

Die Nahrungsmittel werden also nichtmehr in den Entwicklungsländern selbst angebaut, sondern müssen importiert werden. Das kostet wieder mehr Geld und die Länder verschulden sich weiter. Ein weiteres Problem hierbei ist, dass aus den Industrieländern überwiegend Weizen importiert wird und sich die Menschen somit an das Weizen gewöhnen. In den Entwicklungsländern ist der Weizenanbau aber meist nicht möglich. Die Menschen dort müssen also Weizen weiterhin importieren, wenn sie nicht auf einheimische Getreidesorten wie zum Beispiel Hirse zurückgreifen wollen.
(Steller. 1995, S. 248)

Prinzipiell könnten alle Menschen auf der Welt mit genügend Essen versorgt werden, wenn die Nahrungsmittel gerecht verteilt werden würden. Dennoch müsste die Agrarproduktion bis 2050 aufgrund der steigenden Weltbevölkerung um 70 % gesteigert werden. Dafür ist ein Umdenken auf politischer und persönlicher Ebene unverzichtbar.
(Welthungerhilfe. 2013)

In den Industrieländern landet gut die Hälfte aller Lebensmittel auf dem Müll. Gerade das Brot wird oft weggeschmissen. 10-20 % der Tagesproduktion einer Bäckerei in Deutschland wird entsorgt. Durch festgelegte Konditionen kann davon nur ein Bruchteil an Bedürftige gegeben werden. Der Rest landet in Biogasanlagen oder auf der Müllkippe. (Thurn. 2012)
Grund hierfür ist das Konsumentenverhalten. In den Industriestaaten ist man es gewohnt zu jeder Zeit eine große Auswahl vorzufinden und erwartet, dass stets alles verfügbar ist. Während in diesen Staaten das Brot im Überfluss vorhanden ist, bedingt gerade dieser Punkt die Armut und den Hunger in den Entwicklungsländern. Durch erhöhte Nachfrage steigen auch die Getreidepreise. Und Nachfrage ist auch vorhanden, wenn nur gekauft wird, um wegzuschmeißen. Durch die steigenden Getreidepreise ist es für die Entwicklungsländer noch schwieriger Getreide zu kaufen und Brot zu produzieren.
Wenn die Menschen in den Industrienationen also umdenken und bewusster leben würden, könnte man schon damit eine Verbesserung in den Entwicklungsländern erreichen, damit Brot auf der ganzen Welt verfügbar ist.
(Thurn. 2012)

4 Fazit

Brot ist nach mehreren tausend Jahren noch immer nicht aus der Ernährung des Menschen wegzudenken. Auch in Zukunft wird der Mensch vermutlich nicht auf Brot oder Getreideprodukte verzichten können.

Wie in den bisherigen Ausführungen ersichtlich, gibt es hierfür mehrere Gründe.

Brot spielt in allen drei Weltreligionen eine wichtige Rolle und ist in der Geschichte des Menschen fest verankert.

Des Weiteren ist Brot ein wichtiger Energielieferant, der den Körper dabei noch mit anderen wichtigen Nährstoffen versorgt. Brot kann also als ein gesundes Lebensmittel bezeichnet werden.

Da Brot relativ einfach herzustellen ist, lange haltbar ist und leicht mit anderen Lebensmitteln kombinierbar ist, bietet es sich für die Massenverpflegung an.

Insgesamt ist Brot also ein gesundes Lebensmittel, das alle Menschen der Welt ohne zu großen finanziellen und zeitlichen Aufwand bei gerechter Verteilung ernähren könnte. Es ist somit in der Geschichte der Menschheit so wichtig geworden, dass es unvorstellbar ist, darauf zu verzichten.

5 Methodik

Vor Beginn der Arbeit musste erst einmal ein Thema gefunden werden. Es sollte ein Thema sein, welches uns alle betrifft und nicht zu abstrakt ist. Außerdem sollten Geschichte und Kultur bearbeitet werden. Es wurde also ein weit verbreitetes Lebensmittel gesucht, welches schon lange existiert. Schnell erschien „Brot“ als ein gutes Thema, da es auch in den unterschiedlichen Religionen eine Rolle spielt und die Gründe für die lange Existenz des Brots in der menschlichen Ernährung beleuchtet werden konnten. Es sollte diskutiert werden, ob Brot sich als Nahrungsmittel auf der ganzen Welt eignet und es möglich wäre, damit einem Teil der Hungernden zu helfen.

Nach einem Brainstorming zum Thema „Brot“ wurde dann eine Gliederung der Arbeit erstellt. Unterteilt wurden die einzelnen Punkte in Einführung, theoretischer Teil und Diskussion. Anhand dieser Gliederung wurde dann Literaturrecherche zu den einzelnen Unterpunkten in der Hochschul- und Landesbibliothek Fulda sowie im Internet betrieben.

Die einzelnen Quellen wurden ausgewertet und einem Punkt der Gliederung zugeordnet. Gleichzeitig wurden alle Quellen mit Hilfe von Citavi festgehalten. Danach konnte die Gliederung Punkt für Punkt abgearbeitet und der Text erstellt werden.

6 Zusammenfassung

In dieser Hausarbeit wird anhand der Geschichte, der Kultur und der Religionen erörtert, warum das Brot seit Jahrtausenden so eine große Rolle in der menschlichen Ernährung spielt. Des Weiteren wird auf die ernährungsphysiologischen Aspekte und auf den Stand des Brots heute eingegangen. Der Wandel der einzelnen Brotformen und Sorten wird ebenfalls aufgezeigt.

7 Summary

On the basis of history, culture and religion, this thesis discusses why bread is playing such a big role in the human nutrition for thousands of years now.
It also involves the nutritionally aspects and status of bread today, as well as the changing of its different types.

8 Literaturverzeichnis

Becker, H.; Fürst, P.; Steller, W. (1995): Gesunde Ernährung mit Brot. In: Eiselen, H.; Becker, H. (Hg.) (1995): Brotkultur. Köln: DuMont, 254-258.

Benker, G. (1995): Brot im Christentum. In: Eiselen, H.; Becker, H. (Hg.) (1995): Brotkultur. Köln: DuMont, 116-129

Bieger, E. (2007): Taschenlexikon christliche Symbole. Leipzig: Benno.

Eiselen, H.; Becker, H. (Hg.) (1995): Brotkultur. Köln: DuMont.

Nussbaumer, J. (1995): Brot für alle?. In: Eiselen, H.; Becker, H. (Hg.) (1995): Brotkultur. Köln: DuMont, 260-268.

Seibel, W.; Spicher, G. (1995): Brei – Fladen – Brot. In: Eiselen, H.; Becker, H. (Hg.) (1995): Brotkultur. Köln: DuMont, 49-51.

Seibel, W.; Spicher, G. (1995): Brotsorten und Brotformen. In: Eiselen, H.; Becker, H. (Hg.) (1995): Brotkultur. Köln: DuMont, 78-87.

Soussan, B. (1995): Brot im Judentum. In: Eiselen, H.; Becker, H. (Hg.) (1995): Brotkultur. Köln: DuMont, 102-115.

Steller, W. (1995): Weltnahrung Brot. In: Eiselen, H.; Becker, H. (Hg.) (1995): Brotkultur. Köln: DuMont, 244-252.

Bundesministerium für Ernährung, Landwirtschaft und Verbraucherschutz (2005): Leitsätze für Brot und Kleingebäck vom 19.10.1993 (Beilage zum BAnz. Nr. 58 vom 24.03.1994, GMBI. Nr. 10 S. 346 vom 24.03.1994), zuletzt geändert am 19.09.2005 (BAnz. Nr. 184 vom 28.09.2005, GMBI. Nr. 55 S. 1125). Online verfügbar unter http://www.bmelv.de/SharedDocs/Downloads/Ernaehrung/Lebensmittelbuch/LeitsaetzeBrot.pdf;jsessionid=D81D712D554F663AADEFDEB23F2191B9.2_cid367?__blob=publicationFile, zuletzt geprüft am 08.12.2013.

f2m food multimedia gmbh (2008): Markt für Feine Backwaren wächst moderat - brot+backwaren. Online verfügbar unter http://www.brotundbackwaren.de/artikelreader/items/article_arch_10119.html, zuletzt geprüft am 08.12.2013.

Jeworski, I. (2012): Welternährung, Armut, soziale Exklusion und politische Konflikte — Ressourcenökonomie. Online verfügbar unter http://www.agrar.hu-berlin.de/fakultaet/departments/daoe/ress/problemorientierung/Problemdimensionen/ernaehrungarmutkonflikte, zuletzt aktualisiert am 15.11.2012, zuletzt geprüft am 29.07.2013.

Keuthen, K.; Hock, B. (2011): Brot, Geschichte - Herstellung - Nährwert. Online verfügbar unter http://www.vebu.de/alt/nv/dv/dv_1991_4__Brot.htm, zuletzt aktualisiert am 19.08.2011, zuletzt geprüft am 28.07.2013.

Kordian, H.(2011): Etikette des Essens - Essen will gelernt sein. Online verfügbar unter http://www.islam-ist-frieden.de/akhlaq-adab/essen-will-gelernt-sein, zuletzt geprüft am 28.07.2013.

Krawietz, W.; Schott, R.; Pospišil, L.; Steinbrich, S. (1993): Sprache, Symbole und Symbolverwendungen in Ethnologie, Kulturan Thropologie, Religion und Recht. Online verfügbar unter http://books.google.de/books?hl=de&lr=&id=Qi9NNbjqpQgC&oi=fnd&pg=PA217&dq=brot+islam+bedeutung&ots=fQsRfLbx2E&sig=1au3xD9hDJ1XqqtoQTTLpWSpFTo#v=onepage&q=brot%20islam%20bedeutung&f=false, zuletzt geprüft am 28.07.2013.

Soutschek, S. (2012): Was ist an Vollkorn so gesund? | Senioren Ratgeber. Online verfügbar unter http://www.senioren-ratgeber.de/Ernaehrung/Was-ist-an-Vollkorn-so-gesund-169567.html, zuletzt aktualisiert am 03.07.2012, zuletzt geprüft am 28.07.2013.

Statista GmbH (2011): Konsum von Brot in ausgewählten Ländern | 2011. Online verfügbar unter http://www.handelsdaten.de/statistik/daten/studie/247123/umfrage/pro-kopf-konsum-von-brot-in-ausgewaehlten-laendern/, zuletzt aktualisiert am 24.02.2012, zuletzt geprüft am 08.12.2013.

Thurn, V. (2012): Frisch auf den Müll - bllv.de. Hg. v. bllv. Online verfügbar unter http://www.bllv.de/Frisch-auf-den-Muell.8017.0.html, zuletzt geprüft am 29.07.2013.

Welthungerhilfe (2013): HUNGER – AUSMASS, VERBREITUNG, URSACHEN. Online verfügbar unter http://www.welthungerhilfe.de/ueber-uns/mediathek/mediathek/hunger-die-haeufigsten-fragen-1.html?type=6663&tx_rsmmediathek_fe1%5Baction%5D=singleDownload&cHash=a91e28d265c56b28e2646a58ef6a571e, zuletzt aktualisiert am 04.2013, zuletzt geprüft am 29.07.2013.

Zentgraf, H.; Schulze, J. (2008): Brot und Kleingebäck: Konsumverhalten und Verbrauchereinstellungen in Deutschland. Bonn. Online verfügbar unter http://www.gmf-info.de/info/forschungaktuell/GT_03_08_Zentgraf.pdf, zuletzt geprüft am 28.07.2013.

Zentralverband des Deutschen Bäckerhandwerks e. V.: Zentralverband des Deutschen Bäckerhandwerks e. V. COSMOTO | Lime Flavour. Online verfügbar unter http://www.baeckerhandwerk.de/, zuletzt geprüft am 22.07.2013.

Zentralverbandes des Deutschen Bäckerhandwerks e.V.: Deutsche Brotkultur - Bewerbung für das Weltkulturerbe. www.COSMOTO.com - www.limeflavour.com. Online verfügbar unter http://brotkultur.de/, zuletzt geprüft am 26.07.2013.